生猪屠宰企业
非洲猪瘟防控
生物安全手册

中国动物疫病预防控制中心

中国农业出版社

北 京

丛书编委会

主 任 委 员　陈伟生

副主任委员　沙玉圣　辛盛鹏

委　　　员　翟新验　张　杰　李文京　王传彬
　　　　　　　张淼洁　吴佳俊　张宁宁

本书编委会

主　　编　关婕葳

副 主 编　李　鹏　张劭俣　张宁宁　马　冲

编　　者（按照姓氏笔画顺序）

　　　　　任　禾　刘洪雨　李　琦　李　婷

　　　　　李　翀　张　杰　陈玉荣　陈慧娟

　　　　　赵灵燕　单佳蕾　郝晓芳　徐　辉

　　　　　黄启震　董维亚　穆佳毅

总　序

　　2018年8月，辽宁省报告我国首例非洲猪瘟疫情，随后各地相继发生，对我国养猪业构成了严重威胁。调查显示，餐厨剩余物（泔水）喂猪、人员和车辆等机械带毒、生猪及其产品跨区域调运是造成我国非洲猪瘟传播的主要方式。从其根本性原因上看，在于从生猪养殖到屠宰全链条的生物安全防护意识淡薄、水平不高、措施欠缺，为此，中国动物疫病预防控制中心在实施"非洲猪瘟综合防控技术集成与示范"项目时，积极探索、深入研究、科学分析各个关键风险点，从规范生猪养殖场生物安全体系建设、屠宰厂（场）生产活动、运输车辆清洗消毒，以及疫情处置等多个方面入手，组织相关专家编写了"非洲猪瘟综合防控技术系列丛书"，并配有大量插图，旨在为广大基层动物防疫工作者和生猪生产、屠宰等从业人员提供参考和指导。由于编者水平有限，加之时间仓促，书中难免有不足和疏漏之处，恳请读者批评指正。

编委会
2019年9月于北京

前　言

　　自 2018 年 8 月 3 日，辽宁沈阳发生第一起非洲猪瘟疫情以来，31 个省份相继发生，给我国生猪产业造成巨大损失，不仅影响了生猪养殖业健康发展，而且对生猪产品质量安全和有效供给构成严重威胁。生猪屠宰行业是生猪产业的重要组成，是我国猪肉产品的供应主体，是保障生猪产品质量安全的重要力量，也是非洲猪瘟防控的重要环节。为强化屠宰环节非洲猪瘟防控措施落实，我们组织编写了生猪屠宰环节非洲猪瘟防控生物安全手册，规定了"五关注"和"五落实"的具体要求，进一步规范生猪屠宰企业的生产活动。

　　本手册适用于所有生猪屠宰企业防控非洲猪瘟和其他动物疫病。

目　　录

第一章 生猪屠宰企业非洲猪瘟防控组织保障要求

为了提升生猪屠宰企业非洲猪瘟等动物疫病的防控能力，加强组织保障，特制定此要求。

1 组织保障

1.1 生猪屠宰企业应建立非洲猪瘟防控小组（图1-1），由企业法人或负责人直接管理。

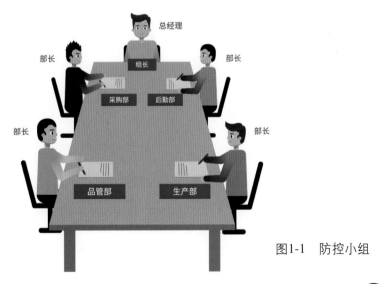

图1-1 防控小组

1.2采购、生产、品管、检验检疫、后勤等各主要部门负责人任组员。

2 主要职责

2.1落实国家及各级畜牧兽医主管部门关于非洲猪瘟等动物疫病防控相关要求。

2.2负责制定企业内部非洲猪瘟防控应急预案（图1-2）。

2.3负责制定企业内部各环节、各部门非洲猪瘟防控措施，并指导和监督实施。

2.4负责开展企业内部非洲猪瘟防控培训（图1-3）。

图1-2 企业内部非洲猪瘟防控应急预案

2.5负责企业内部疑似非洲猪瘟疫情上报，并启动企业内部预案。

2.6负责开展企业内部防控非洲猪瘟记录数据的核查。

2.7负责企业内部非洲猪瘟防控措施实施效果评估，并完成对企业内部应急预案和防控措施纠偏。

图1-3 企业内部非洲猪瘟防控培训

第二章　入厂查验要点（一落实）

为了明确屠宰企业生猪采购的要求，规范生猪入厂查验行为，加强屠宰环节非洲猪瘟防控和生猪管理，特制定此查验要点。

1　生猪的采购要求

1.1　猪源的选择

屠宰企业应了解猪源所在养殖场户生猪养殖、防疫、生物安全措施、兽药（饲料）使用情况。规模及以上屠宰企业应与养殖场户签订供猪协议。

1.2 承运人（贩运户、代宰户）应当使用已经备案的生猪运输车辆（图2-1），并严格按照动物检疫证明载明的目的地、数量等内容承运生猪。

1.3 屠宰企业应屠宰签约场户或备案承运人（贩运户、代宰户）运输的生猪（图2-2）。

图2-1　备案车辆及车辆备案表

图2-2　猪源要求

2 入厂检查要求

2.1 查验是否签约养殖场户或备案承运人（贩运户、代宰户）。

2.2 查验运输生猪车辆品牌、颜色、型号、牌照、车辆所有者、运载量等信息是否与备案信息一致。

2.3 查验生猪附具的《动物检疫合格证明》和佩戴的畜禽标识。

2.3.1 了解生猪来源，是否来自疫区；有无《非洲猪瘟检测报告》；检查《动物检疫合格证明》标注的启运地、目的地是否和实际一致。

2.3.2 核对生猪数量和《动物检疫合格证明》是否一致，了解运输途中生猪情况。

2.4 按照《生猪产地检疫规程》的要求检查生猪的临床健康情况。包括精神状况、外貌、呼吸状态及排泄物状态，并测量生猪体温，观察是否有体温升高至 40～42℃（图2-3）。

图2-3 生猪入厂测量体温

2.5 结果处理

2.5.1 经检查,《动物检疫合格证明》有效、证物相符、畜禽标识符合要求、临床检查健康,方可入厂。

2.5.2 对临床异常或疑似非洲猪瘟病猪的,应立即采集血液样品进行实验室检测,检测阴性且不是其他重大动物疫病、人畜共患病的准许入场;非洲猪瘟核酸检测阳性的,应立即报告驻场官方兽医,并按照非洲猪瘟疫情应急预案的要求进行处理;其他重大动物疫病、人畜共患病的,按照相关要求进行处理。

2.5.3 对于运输途中死亡生猪,应先经驻场官方兽医确认不是因非洲猪瘟或其他重大动物疫病、人畜共患病死亡后,再进行无害化处理（图2-4）。

图2-4　异常生猪抽样检测

3 贩运户、代宰户或承运人要求

3.1 贩运户、代宰户或承运人应为长期、直接为本屠宰企业提供猪源的。

3.2 屠宰企业应记录其姓名、身份证号、联系方式、收购生猪区域等信息。

3.3 运输工具应在当地畜牧兽医主管部门备案。

4 记录要求

4.1 生猪入厂查验记录要明确注明生猪来源（养殖场名或货主姓名）、出栏时间、入厂时间、头数、重量，以及检疫证号、运输车辆牌号，以及备案的贩运户、代宰户或承运人姓名等（图2-5）。

4.2 记录应具有可追溯性，保存期限不少于2年。

图2-5 生猪入厂查验记录表

第三章 待宰管理要点（一关注）

为了规范生猪屠宰企业生猪待宰期间检查行为，加强对屠宰企业入厂生猪待宰期间质量控制和管理，特制定此要点。

1 生猪入圈要求

1.1 经入厂检查合格的生猪，赶入待宰圈。

1.2 待宰生猪原则上实行一圈一号，按产地、货主分类分批次存放，同时做好记录。

1.3 不同货主、不同批次的生猪不得混群（图3-1）。

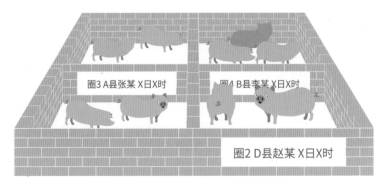

图3-1　生猪进入待宰圈要求

2　待宰管理要求

2.1　生猪管理

2.1.1 宰前3小时逐头测量体温，观察是否有高热（体温升高至40～42℃）（图3-2、图3-3）。

2.1.2 按照《生猪产地检疫规程》进行临床检查，定时巡查，及时剔出疑病猪只，按规定处理。

图3-2　生猪测量体温一

图3-3　生猪测量体温二

2.1.3其他按照国家有关规定执行。

2.2 待宰圈管理

2.2.1圈舍应保持清洁、干燥、通风良好，保持饮水槽清洁，要及时清扫粪便，每批生猪送宰后彻底清扫、消毒。

2.2.2待宰期间要保障生猪的安全和正常休息。

2.3 已经入厂的生猪，不得擅自出厂（图3-4）。

图3-4 生猪待宰圈应保持清洁通风

3 检测要求

3.1应当按照生猪不同来源随机抽取血样，混合血样检测非洲猪瘟病毒（图3-5）。

3.2经PCR检测非洲猪瘟病毒核酸为阴性的，且经待宰检查合格的同批次生猪方可进入屠宰线（图3-6、图3-7、图3-8）。

3.3检出非洲猪瘟病毒核酸阳性的，屠宰企业应当第一时间将检测结果报告驻场官方兽医。经确诊为非洲猪瘟病毒阳性的，屠宰企业要在当地畜牧兽医部门监督下，停止生产，启动企业内部应急预案按规定扑杀所有待宰圈生猪，并进行无害化处理，对待宰圈和相关场所进行彻底清洗消毒。48小时后，可向当地畜牧兽医部门申请评估。

图3-5　生猪前腔静脉采血

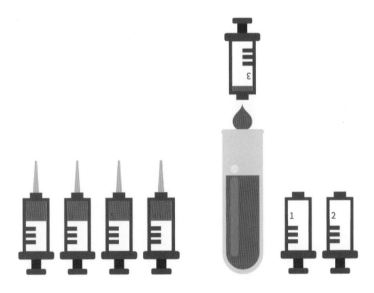

图3-6　血样混合

图3-7　非洲猪瘟检测试剂盒

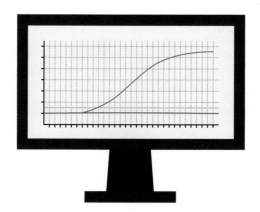

图3-8　非洲猪瘟PCR检测阴性

4　生猪送宰要求

4.1宰前进行充分淋浴，洗净体表的灰尘、污泥、粪便等。

4.2按照待宰生猪的圈号，分批次送宰。

5　记录要求

5.1生猪待宰记录应包括圈号、数量、货主姓名、进圈时间、待宰检查项目和结果、检查人签字等。

5.2 生猪屠宰交接记录应包括圈号、数量、待宰交接人和屠宰车间接收人签字等（图3-9）。

5.3 记录应具有可追溯性，保存期限不少于2年。

图3-9　生猪待宰记录及交接记录

第四章　检验检疫要点（三落实）

为了规范生猪屠宰检验检疫行为，加强屠宰企业防控非洲猪瘟能力，特制定此要点。

1 屠宰流水管理要求

1.1 屠宰车间接到待宰圈交接通知单后，严格按照该通知单的送宰批次，安排生产。

1.2 做好每头生猪的标识，不得混挂、漏挂。

1.3 特殊情况下，有落猪、漏猪现象，要及时上线，做好标识，明确其批次。

1.4 内脏摘除后，保证胴体和内脏能够一一对应（图4-1）。

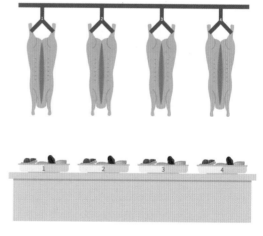

图4-1　胴体和内脏一一对应

2　检验检疫要求

按照《生猪屠宰检疫规程》《生猪肉品品质检验规程》进行检验检疫，并观察体表的完整性、颜色，检查有无非洲猪瘟特征性皮肤病变；检查脾脏有无非洲猪瘟特征性显著肿胀。

3　检测要求

3.1 如在待宰圈没有进行非洲猪瘟检测的，应当在驻场官方兽医监督下，按照生猪不同来源实施分批屠宰，每批生猪屠宰时，采集血样并混合（每30～50个血样混做一个样品）检测非洲猪瘟病毒。

3.1.1 经PCR检测非洲猪瘟病毒为阴性的，且检验检疫合格的同批次生猪产品方可出厂。

3.1.2 检出非洲猪瘟病毒核酸阳性的，屠宰企业应当立即将检测结果报告驻场官方兽医。经确诊为非洲猪瘟病毒核酸阳性的，屠宰企业应启动企业内部应急预案，并在当地畜牧兽医部门监督下，按规定扑杀所有待宰圈生猪，连同阳性批次的猪肉、猪血及副产品进行无害化处理，对屠宰车间和相关场所进行彻底清洗消毒。48小时后，可向当地畜牧兽医部门申请评估。

3.2 发现可疑非洲猪瘟的生猪，应立即停止生产，并报告驻场官方兽医。同时，按规定采集同批次生猪的血液样品或脾脏、淋巴结、肾脏等组织样品进行非洲猪瘟病毒检测（图4-2、图4-3、图4-4）。

3.2.1 检测结果为阴性的，方可继续屠宰（图4-5）。

图4-2　屠宰线采集血样

图4-3　血样混合

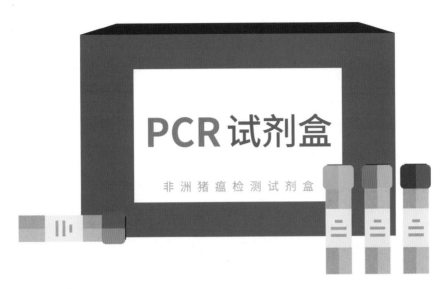

图4-4 非洲猪瘟PCR检测试剂盒

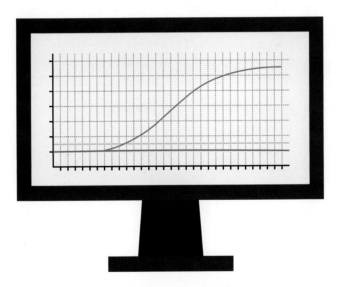

图4-5 非洲猪瘟检测结果阴性

3.2.2检测结果为阳性的，按照本章3.1.2处置。

4 记录要求

4.1检验检疫记录包括待宰圈号、生猪编号、检验检疫时间、检验检疫项目和结果、检验检疫人员和签字等（图4-6）。

4.2记录应具有可追溯性，保存期限不少于2年。

图4-6　生猪检验记录

第五章　猪血管理要点（二关注）

为了规范生猪屠宰企业猪血的管理，加强猪血质量控制和管理，有效防控非洲猪瘟，特制定此要点。

1　收集、储藏设备要求

1.1 收集、储存猪血的设备，材质应为耐腐蚀、防渗漏，易于清洗和消毒。

1.2 需要搅拌时，应使用符合卫生标准要求的工具。

1.3 储存罐大小应与屠宰规模相适应（图5-1）。

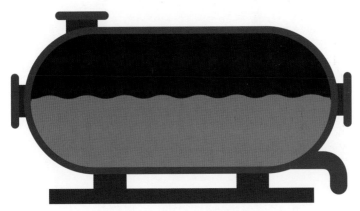

图5-1　猪血收集储存罐

1.4屠宰企业不能自行晒干、烘干猪血，不得将猪血排入排水系统（图5-2）。

1.5屠宰企业应掌握猪血销售去向，并有销售协议（图5-3）。

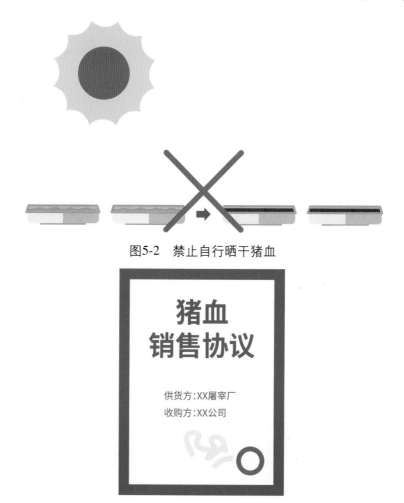

图5-2　禁止自行晒干猪血

图5-3　签订猪血销售协议

2 检测要求

2.1非洲猪瘟病毒检测结果为阴性的猪血可作为食品原料或

者医药提取、饲料原料等。

2.2非洲猪瘟病毒检测结果为阳性的猪血，按有关规定进行无害化处理，被污染的收集储存设备和相关工具等应进行彻底清洗消毒。

3 储存要求

3.1猪血储存罐应有制冷装置，温度控制在0～4℃。

3.2血液在储存罐储存时间不宜超过72小时（图5-4）。

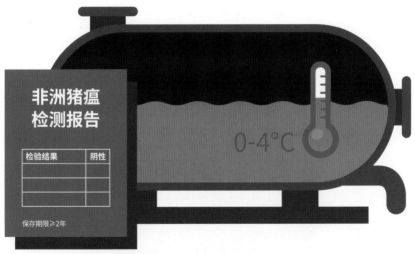

图5-4 猪血储存要求

4 清洗消毒程序

储存罐清空后，应及时对生产用泵、储存罐以及管道进行清洗消毒，程序如下：先用清水冲洗，接着依次用消毒液浸泡消毒30分钟后再用清水冲洗（图5-5、图5-6）。

图5-5　清洗猪血储存罐

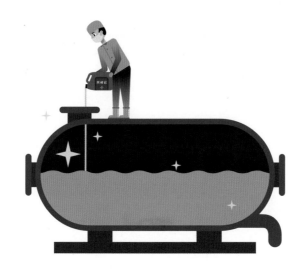

图5-6　猪血储存罐消毒

5　记录要求

5.1猪血管理记录应包括生猪来源、数量、非洲猪瘟检测情况、储存温度、消毒记录、储存时间及销售去向等相关信息（图5-7）。

5.2记录应具有可追溯性，保存期限不少于2年。

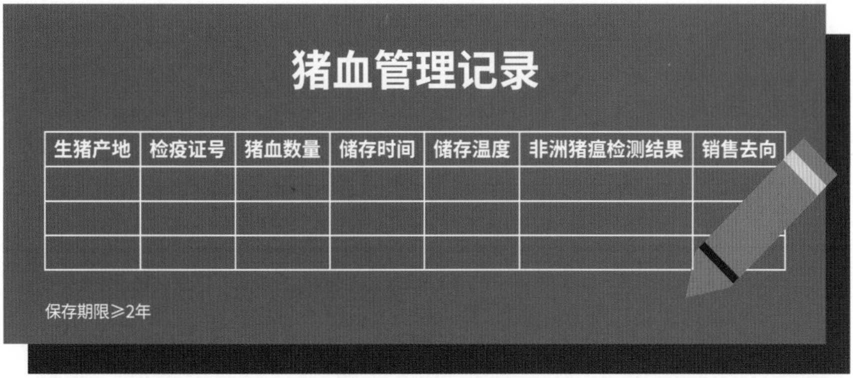

猪血管理记录

生猪产地	检疫证号	猪血数量	储存时间	储存温度	非洲猪瘟检测结果	销售去向

保存期限≥2年

图5-7 猪血管理记录

第六章　无害化处理要点（四落实）

为了规范生猪屠宰企业污水、污物、病害生猪及其产品、废弃物的无害化处理行为，减少非洲猪瘟和其他疫病隐患，特制定此要点。

1 处理要求

1.1 屠宰企业应对生产过程中的废气污水、污物、病害生猪及其产品、废弃物等及时进行分类收集，进行无害化处理或委托有资质的专业无害化处理厂进行处理。

1.2 废气污水、污物、病害生猪及其产品、废弃物等无害化处理的设备配置应符合国家相关法律法规、标准和规程的要求。

1.3 无害化处理设施设备、运输工具和盛载容器、暂存场所，以及处理操作人员配备等，应与屠宰规模相适应。

1.4 屠宰企业应制定相应的防护措施，防止无害化处理过程中造成的人员危害、产品交叉污染和环境污染。

1.5 屠宰企业如委托专业无害化处理厂进行病害生猪及其产

品无害化处理的，应有委托协议。

2 暂存设施设备要求

2.1 屠宰企业病害生猪及其产品若不能及时进行无害化处理，应在冷冻或冷藏条件下暂存。

2.2 屠宰企业病害生猪及其产品废弃物临时存放设施或场所应设置于远离屠宰加工车间、厂区的下风口，设立明显标识，及时清理。

2.3 屠宰加工车间内盛放病害生猪及其产品废弃物的专用密封容器应放置于指定区域，设有明显标识，不应与盛装生猪产品及副产品的容器混用，应及时清理（图6-1）。

2.4 污水、污物、病害生猪及其产品、废弃物暂存设施设备应防水、防腐蚀、防渗漏，便于清洗、消毒。

2.5 暂存设施设备应有专人管理。

2.6 应定期对污水、污物、病害生猪及其产品、废弃物暂存设施设备及周边环境进行清洗消毒。

图6-1　病害生猪及其产品暂存

3 无害化处理设施设备及工艺要求

3.1 屠宰企业应配备与屠宰规模相适应的废气收集排放系统，污水、污物处理系统和病害生猪及其产品废弃物、无害化处理设施设备，并保持良好的工作状态。

3.2 病害生猪及其产品废弃物、无害化处理方式应符合《病死及病害动物无害化处理技术规范》，采用焚烧、化制、高温、硫酸分解等方法进行处理（图6-2、图6-3）。

3.3 屠宰环节产生的废气、污水均应通过管道运输至废气、污水处理设施进行处理，达到环保要求后排放。

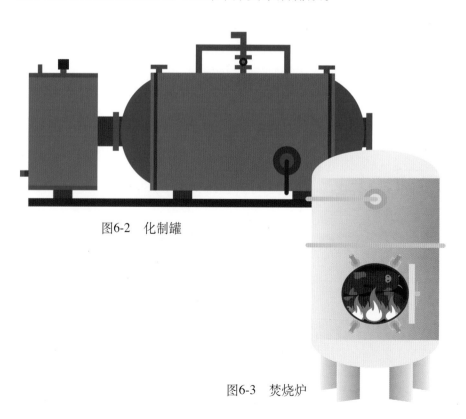

图6-2　化制罐

图6-3　焚烧炉

4　无害化处理操作人员要求

4.1 应经过专门设施设备操作培训，具备相关专业技术资格。

4.2 应了解非洲猪瘟等动物疫病的防控知识，按规范进行无害化处理。

4.3 应在无害化处理操作期间按照规定做好操作和个人安全、卫生防护（图6-4）。

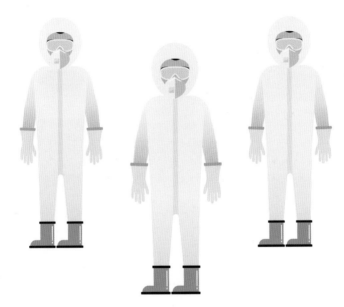

图6-4　无害化处理人员

5　操作要求

5.1 基本要求

5.1.1 无害化处理设施设备应定期维护，有效运行。

5.1.2 应配备消毒液，操作前后对设备、工器具、人员进行消毒。

5.1.3 对检验检疫出的病害生猪及其产品废弃物、无害化处理的程序，应按照《病死及病害动物无害化处理技术规范》规定进行。

5.1.4 无害化处理应在驻场官方兽医的监督下进行（图6-5）。

图6-5　在官方兽医监督下无害化处理

5.2 运输要求

5.2.1 污物、废弃物、病害生猪及其产品应使用专用的车辆、容器运送。

5.2.2 所使用车辆和容器应防水、防腐蚀、防渗漏，便于清洗、消毒，并有明显标识（图6-6）。

图6-6 无害化处理运输专用车辆

5.3 消毒要求

无害化处理结束后，应采用有效浓度的消毒液对处理设备、工器具、场地、人员等进行消毒（图6-7）。

图6-7 无害化处理后进行消毒

6 记录要求

6.1应当做好废气、污水、污物、病害生猪和病害动物产品废弃物、处理种类、处理时间、处理数量、处理人员，以及消毒、无害化处理后的产品流向登记、人员防护等记录（图6-8）。

6.2记录应具有可追溯性，保存期限不少于2年。

无害化处理记录

日期	病害生猪数量	病害产品数量	无害化处理方法	企业人员签字	官方兽医签字

保存期限≥2年

图6-8 病害生猪及其产品无害化处理记录

第七章 清洗消毒要点（二落实）

为了规范生猪屠宰企业清洗、消毒行为，最大限度杀灭致病微生物，降低非洲猪瘟等动物疫病发生风险，保障生猪产品质量安全，特制定此要点。

1 基本要求

1.1 应建立清洗消毒制度，建立相应责任制，并落实到人。

1.2 应配备与屠宰规模相适应的清洗消毒设施设备，且运转正常。

1.3 应由专人操作清洗消毒，并做好个人防护。

1.4 应设有专门存放清洗剂和消毒药品的场所，保证清洗消毒药品充足。

2 消毒管理要求

2.1 应选择对非洲猪瘟等致病微生物杀灭作用良好，对人、物品、生猪及其产品危害尽可能小，不会腐蚀设施设备，对环境无污染的消毒剂，并定期更换。

2.2消毒过程中，工作人员应做好个人防护，不得吸烟、饮食。

2.3已消毒和未消毒的物品应严格实施分区管理，防止已消毒的物品被再次污染（图7-1）。

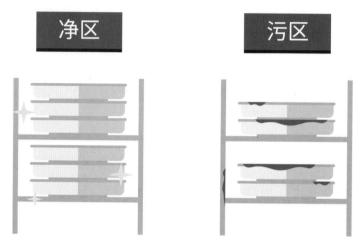

图7-1　物品分区管理

2.4应确保清洗消毒产生的污水和污物达到环保要求。

2.5屠宰与分割车间根据生产工艺流程的需要，在用水位置应分别设置冷、热水管。清洗用热水温度不宜低于40℃，消毒用热水温度不应低于82℃，消毒用热水管出口处宜配备温度指示计（图7-2）。

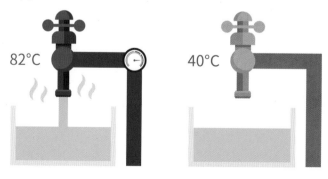

图7-2　清洗消毒用热水管

3　清洗消毒设施设备要求

3.1　设施

3.1.1 厂区车辆出入口应设置与门同宽，池底长4米、深0.3米以上的消毒池。

3.1.2 出入口处配置消毒喷雾器，或设置消毒通道对运输车辆消毒。

3.1.3 卸猪台附近应设有运输车辆清洗消毒区（图7-3），面积与屠宰规模相适应，应分为预清洗区、清洗区、消毒区；有方便车辆清洗消毒的水泥台面或者防腐蚀的金属架，应设有清洗消毒设备、自来水和热水管道、污水排放管道和集污设施（图7-4）。

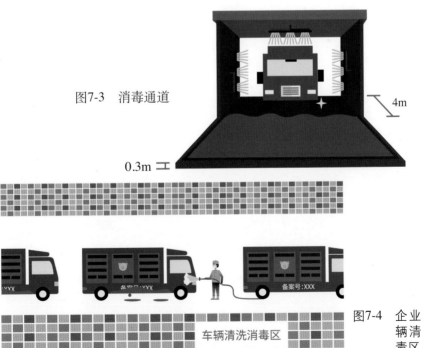

图7-3　消毒通道

图7-4　企业内车辆清洗消毒区

车辆清洗消毒区

3.2 设备

3.2.1 清洗设备包括扫帚、叉子、铲子、水管、高压水枪等。

3.2.2 消毒设备包括电动或者手动喷雾器、机动高压消毒机、火焰喷射枪、臭氧发生器等（图7-5）。

3.2.3 应定期检查消毒设备性能，及时更换不合格的消毒器械。

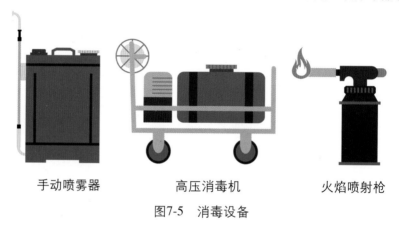

手动喷雾器　　　　　　高压消毒机　　　　　　火焰喷射枪

图7-5　消毒设备

3.3 防护用品

3.3.1 屠宰企业要做好消毒人员个人防护。

3.3.2 防护用品包括防护服、口罩、护目镜、手套和防护靴等（图7-6）。

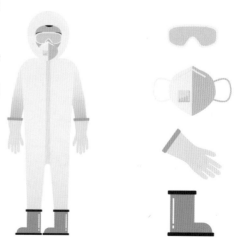

图7-6　人员防护设备

4 消毒药品要求

4.1 视消毒对象不同可选用不同类型消毒剂。

4.2 可选择酚类消毒剂、含氯消毒剂（次氯酸盐、二氯化氢）、过氧乙酸、季铵盐、碱类（氢氧化钠、氢氧化钾等）、酒精和碘化物等消毒药品。

4.3 消毒剂的使用请参考附件消毒剂使用建议表。

4.4 消毒药品应及时补充，定期更换，以防产生耐药性。

5 运输车辆清洗消毒要求

5.1 进出场消毒

5.1.1 厂区车辆出入口消毒池内放置消毒液，确保消毒效果，并及时更换。

5.1.2 车辆消毒时，应确保车身、底盘喷洒到位，车轮充分浸泡。

5.2 运猪车辆清洗消毒

5.2.1 运猪车卸猪后，应将运猪车停放在清洗消毒区，做好清洗消毒前的准备。

5.2.2 废弃物清理

收集、清理驾驶室内生活垃圾等物品以及车厢内生猪粪便、垫料和毛发等运输途中产生的污物。

5.2.3 预清洗

5.2.3.1 用水枪进行初步冲洗，冲洗车辆外表面、车厢内表面、底盘、车轮等部位，重点去除附着污物。

5.2.3.2 预清洗后，车体外表面、车厢内表面、底盘、车轮等部位无肉眼可见的污物（图7-7）。

图7-7　清水冲洗车体污物

5.2.4 清洗

按照由内向外、由上到下的顺序清洗车辆内外表面。清洁剂应选择使用中性或碱性、无腐蚀性的泡沫清洁剂，可与大部分消毒剂配合使用。

5.2.4.1 高压冲洗

用高压水枪充分清洗车体外表面、车厢内表面、底盘、车轮等部位，重点冲洗污染区和角落（图7-8）。

图7-8　清水高压冲洗车体

5.2.4.2 喷洒清洁剂

喷洒泡沫清洁剂，覆盖车辆外表面、车厢内表面、底盘、车轮等部位，刷洗污染区域和角落，确保清洁剂与全车各表面完全、充分接触，保持泡沫湿润不少于15分钟（图7-9）。

图7-9 清洁剂泡沫浸润车体

5.2.4.3冲洗清洁剂

用高压水枪对车辆外表面、车厢内表面、底盘、车轮等部位进行全面冲洗，直至无肉眼可见的泡沫。清洗合格的标准为在光线充足的条件下（可使用手电筒照射），全车无肉眼可见的污染物（图7-10）。

图7-10 车辆清洁后检查

5.2.4.4晾干

将车辆停放到晾干区域，尽量排出清洗后残留的水，避免车内积水，有条件的可设计坡度区域供车辆控水（图7-11）。

5.2.5消毒

有条件的可以设立独立的消毒区域，在车辆彻底晾干（车辆内外表面无水渍、滴水）后，对车辆进行消毒。

图7-11　车辆清洁后晾干

5.2.5.1 车辆表面消毒

5.2.5.1.1 喷洒消毒剂

使用低压或喷雾水枪对车辆外表面、车厢内表面、底盘、车轮等部位喷洒消毒液，以肉眼可见液滴流下为标准（图7-12）。

图7-12　车辆消毒

5.2.5.1.2 消毒剂浸泡

车辆喷洒消毒剂后，保持消毒剂在喷洒部位静置一段时间，静置时间不少于15分钟。

5.2.5.1.3 冲洗消毒剂

用高压水枪对车辆外表面、车厢内表面、底盘、车轮等部位进行全面冲洗。

5.2.5.2 驾驶室的清洗消毒

清除驾驶室杂物，用清洁剂和刷子洗刷脚垫、地板（图7-13）。

用清水、清洁剂对方向盘、仪表盘、踏板、档杆、车窗摇柄、手扣部位等进行擦拭后，对驾驶室进行熏蒸消毒或用消毒剂喷雾消毒。

5.2.6为节约时间，车辆在屠宰企业消毒后可不进行烘干。

图7-13　清理驾驶室

5.3 产品运输车辆清洗消毒（图7-14）。

5.3.1收集、清理驾驶室及车厢内废弃物、生活垃圾等物品。

5.3.2冲洗、清除车辆表面可见污垢后，向车表面和车厢裸露面喷洒清洗剂，并保持不少于15分钟。

5.3.3用高压水枪彻底清洗车体表面、车厢内部、车轮、车底部，冲洗掉所有污物和洗涤剂，至车体、车厢、车底部、车轮无附着物、无异味、无霉变。

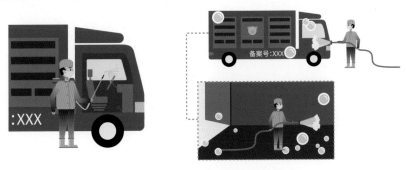

图7-14　产品运输车辆的清洗消毒

5.3.4 使用喷雾器对车辆外表面、车厢内表面、底盘、车轮等部位喷洒消毒液。喷洒消毒液，应由上至下、由内及外，至车厢四面表层湿润，并保持不少于15分钟。

5.3.5 用高压水枪彻底冲洗车辆外表面、车厢内表面、底盘、车轮等部位，冲掉残留的消毒剂。

5.3.6 打开车厢晾干，待车厢内四壁没有水分残留后，可以开始装货。

5.3.7 驾驶室的消毒同5.2.5.2。

5.4 拖车、架子车、叉车、小推车等工器具的清洗消毒

5.4.1 拖车、架子车、叉车、小推车等使用后，将车停放车辆清洗消毒区域。

5.4.2 用高压水枪从上到下，从里到外，清除可见污物。确保车轮、挡泥板、车架等处无可见污垢。

5.4.3 用清洗剂喷洒整个车身，静置不少于15分钟，然后用高压水枪清水冲洗干净。

5.4.4 检查车辆清洗干净后，使用喷雾器由上至下、由前至后，顺风向进行喷雾消毒，消毒液应覆盖全车，使表层湿润，静置不少于15分钟。

5.4.5 用高压水枪彻底冲洗，冲掉残留的消毒剂，晾干备用。

5.5 无害化处理运输车辆的清洗消毒

5.5.1 厂区内部无害化处理运输专用车辆应按照5.2进行清洗消毒。

5.5.2委托专业无害化处理厂进行处理的，在使用厂区内部无害化处理运输专用车辆进行运输后，应按照5.2进行清洗消毒，并需进行多次的消毒以增强消毒效果。

6　待宰圈清洗消毒要求

6.1待宰圈每次使用后，应及时清除圈内的垃圾、粪污，清洗墙面、地面、顶棚、通风口、门口及水管等主要的设备设施。

6.2对圈内所有表面进行喷洒消毒并确保其充分湿润，必要时进行多次的连续喷洒以增加浸泡强度。喷洒范围包括顶棚、墙面、地面或饮水器、猪栏、通风口及各种用具及粪沟等，不留消毒死角。

6.3喷洒时从上到下，先顶棚，再沿墙壁到地面。从里到外，先圈舍内表面，再到外表面（图7-15）。

图7-15　待宰圈消毒

7　生产车间清洗消毒要求

7.1生产车间应合理设置紫外灯并定期检查更换灯管。有条件的企业宜选用臭氧发生器或消毒风机。

7.2车间入口处设置与门同宽的鞋底消毒池或鞋底消毒垫，并设有洗手、消毒和干手设施（图7-16）。

7.3生产车间应每日生产结束后，清洗消毒一次。

7.3.1 地面、墙壁、排水沟、设备、工器具、操作台、屠宰线，以及经常接触产品的物品表面，先用清水冲刷，用清洁剂擦拭，确保有效清洗效果。

图7-16　生产车间入口消毒设施

7.3.2 用消毒剂拖擦或喷洒，消毒顺序为先上后下、先左后右，拖擦或喷洒完，保持不少于15分钟，后用水冲洗，其中工器具、操作台以及经常接触产品的物品表面用热水冲洗。（图7-17、图7-18）。

图7-17　生产车间排水沟清洗消毒

图7-18　生产线冲洗

8 冷库清洗消毒要求

8.1 消毒前先将库内的物品全部清空，升高温度，清除地面、墙壁，顶棚上的污物和排管上的冰霜，有霉菌生长的地方应用刮刀或刷子仔细清除。

8.2 将污物、杂物等彻底清扫后，先用清水冲刷，再喷洒清洁剂，确保有效清洗效果。

8.3 用不低于40℃清水彻底清洗干净油污、血水及其他污垢。

8.4 使用消毒剂熏蒸或喷雾器喷雾消毒。

8.5 消毒完毕后，打开库门，通风换气，驱散消毒气味，然后用热水冲洗（图7-19）。

图7-19 冷库清洗消毒

9 设施设备、工器具清洗消毒要求

9.1 在生猪屠宰、检验过程使用的某些器具、设备，如开胸和开片刀锯、检验检疫盛放内脏的托盘、挂钩等，每次使用后，应使用82℃以上的热水进行清洗消毒，其他的器具、设备使用消毒剂进行清洗消毒。

9.2 屠宰车间生产线各岗均配备有82℃以上热水的刀具消毒设施，如刀具消毒箱，里面应放置2-3套刀具。每宰杀或检验检疫一头生猪后，应将宰杀、检验检疫刀放入刀具消毒箱，换另一套使用（图7-20）。

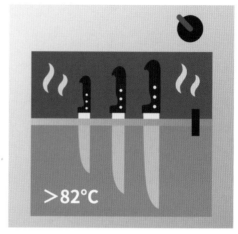

图7-20　刀具消毒

9.3 加工车间的工器具应在专门工器具清洗消毒间内进行清洗消毒，清洗消毒间备有冷、热水、清洗消毒设施和排气通风装置。

9.4 生产结束后，对所有生产设施设备进行全面彻底清洗消毒。

10　更衣室、卫生间和洗手设施的清洗消毒要求

10.1 应在车间入口处、卫生间及车间内适当的地点设置与生产能力相适应的，配有适宜温度的洗手设施及消毒、干手设施。洗手设施应采用非手动式开关，排水可直接接入下水管道（图7-21）。

10.2 洗手设施的水龙头

图7-21　洗手、干手

数量应与同班次工人数量相匹配，应设置冷热水混合器。洗手池应采用光滑、不漏水、易清洁的材质制成，其设计及构造应易于清洁消毒。应在临近洗手设施的显著位置标示简明易懂的洗手方法。

10.3 更衣室、卫生间应经常清扫、清洗、消毒，保持清洁。

10.4 每天工作结束后对更衣室、卫生间和洗手设施进行清洗消毒，每周一次彻底清洗消毒。操作方法按7.3执行。

11 人员消毒要求

11.1 屠宰企业工作人员应保持个人清洁，不应将与生产无关的物品带入车间。

11.2 进入生产车间前，应踩消毒池以能淹没过脚踝高度为佳，擦拭或浸泡消毒手部，更换工作衣帽。有条件的企业可以先淋浴、更衣、消毒后进入生产车间。

11.3 生产过程中处理被污染的物品之后或者离开生产车间再次返回前，必须重新洗手，消毒。

11.4 生产结束后应将工器具放入指定地点，更换工作衣帽，双手及鞋靴消毒后方可离开（图7-22）。

图7-22 人员消毒要求

12 工作服清洗消毒要求

12.1 屠宰企业职工工作服要每日更换、集中收集、统一清洗。

12.2 清洗后用消毒剂浸泡、然后漂洗、脱水。

12.3 工作服清洗消毒完成后，对洗衣设备进行消毒（图7-23）。

图7-23　工作服统一清洗消毒

13 包装物品消毒要求

进入场区的包装物品，根据包装物品的材质和特点选择不同的消毒形式，如进行喷雾、熏蒸等消毒处理。

14 厂区环境消毒要求

应每日生产结束后对厂区环境进行清扫，去除生活垃圾，然后向场地喷洒消毒液（图7-24）。

图7-24　厂区消毒

15　记录要求

15.1清洁剂、消毒药品应有领用和使用记录。

15.2每次洗清消毒后，应及时做好记录。详细记录清洗消毒时间和地点、清洗消毒对象，以及消毒药品名称、浓度、消毒人员等内容，并妥善保存（图7-25）。

15.3清洗消毒记录保存期限不少于2年。

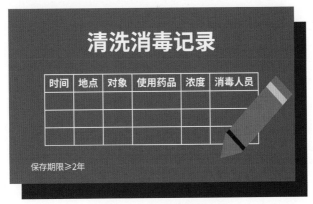

图7-25　清洗消毒记录

第八章 人员管理要点（三关注）

为有效防控非洲猪瘟等动物疫病，减少因人员因素导致的食品安全风险和动物疫病发生隐患，加强生猪屠宰企业人员管理，特制定本要点。

1 基本要求

1.1 企业所有人员上岗前应取得健康合格证。生产人员每年至少进行一次健康检查并建立健康档案（图8-1）。

图8-1 人员健康证

1.2企业所有人员不得在工作岗位或工作区域从事可能引起非洲猪瘟等疫病发生或影响生猪产品质量的活动。

2 技能要求

2.1屠宰企业生产人员（包括屠宰操作工、设备维修员、品管员、仓管人员、卫生管理员、肉品品质检验人员等）上岗前应经岗位技能培训和安全教育，并具备相应能力和资格。

2.2从事品质管控和肉品品质检验的人员应该熟悉非洲猪瘟等疫病的典型临床症状和病理变化，以及应急处置和个人防护知识（图8-2、图8-3）。

图8-2 肉品品质检验员技能要求一

图8-3 肉品品质检验员技能要求二

2.3制冷工、电击工、锅炉工及化制罐操作工等特殊工种需取得相应资格证书（图8-4）。

图8-4　特殊工种资格证书

3　卫生要求

3.1进入生产区域前应整理个人卫生，更衣消毒，洗净双手。

3.2不同卫生要求的区域或岗位的人员应穿戴不同颜色或标志的工作服、帽，以便区别（图8-5）。

图8-5　屠宰企业不同岗位不同服装

3.3 不同加工区域或岗位的人员不应串岗。

3.4 生产车间内不应带入与工作无关物品。

3.5 离开生产加工场所，应脱下工作服、帽、靴等。

3.6 清洗消毒和无害化处理人员应做好个人防护，工作期间不得饮水、进食。

4 记录要求

4.1 企业应建有人员档案，包括资质、培训、考核、奖惩和体检情况等。

4.2 记录应具有可追溯性，保存期限不少于2年。

第九章　其他卫生要点（四关注）

为保证生猪屠宰企业虫、鼠害控制，加强运输和仓储环节质量安全控制，规范屠宰企业的卫生制度，特制定本要点。

1 虫害防控卫生要点

1.1 控制要求

1.1.1 屠宰企业应制定和执行虫、鼠害控制措施，责任应落实到人，并定期检查。

1.1.2 应保持环境整洁，防止虫、鼠害侵入及滋生。生产车间及仓库应采取有效措施（如纱帘、纱网、防鼠板、防蝇灯、风幕等），防止鼠类、昆虫等侵入（图9-1）。

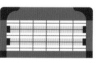

防蝇灯　　　纱网

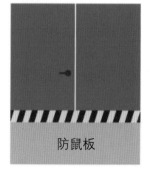

防鼠板　　　0.5m

图9-1　防虫鼠设施

1.2 清除措施

1.2.1 厂区应定期进行除虫灭害工作。

1.2.2 采用物理、化学或生物制剂进行处理时，不应影响生猪产品的质量安全和应有品质、不应污染生猪产品可能接触的设备、工器具及包装材料。

1.2.3 杀虫剂、灭鼠药的使用应符合国家的有关规定。

1.2.4 只有在其他方法不能有效地控制害虫时才能使用杀虫剂。

1.2.5 车间内使用杀虫剂之前，应将全部生猪产品移出。

1.2.6 使用杀虫剂后，车间内所有的设备和用具应在使用之前彻底清洗。

1.2.7 应采取一切预防措施避免污染肉品。不慎污染时，应及时将被污染的设备、工具彻底清洁，以消除污染。

1.2.8 如生猪产品被污染后无法彻底消除，应将被污染部分剔除并进行无害化处理。

1.3 杀虫剂和其他有毒物质应单独存放并加锁，其管理人员应经授权和适当的培训（图9-2）。

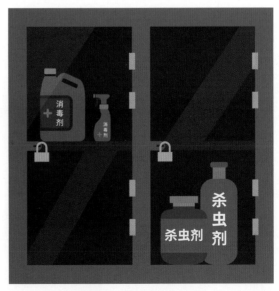

图9-2　单独存放加锁

2 仓储库管理要点

2.1 屠宰企业应具有与所生产产品的数量、贮存要求相适应的仓储设施。

2.2 应建有相应的物品仓储管理制度，设专人管理。应定期检查卫生情况，按时清扫、消毒、通风换气。

2.3 不应存放有碍卫生的物品,同一库内不应存放可能造成相互污染的产品。

2.4 应及时剔出不符合质量和卫生标准的产品，防止污染。

2.5 储存库的温度应符合被储存产品的特定要求。

2.6 库存生猪产品不得来自非洲猪瘟疫区，入库前须经非洲猪瘟病毒检测合格方能入库（图9-3）。

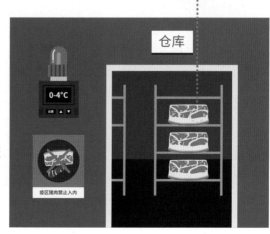

图9-3 仓库不得存放来自疫区的生猪产品

2.7 储存库应设置内部报警装置及温度显示和记录装置，并定期检查校准。

2.8 存放清洗剂、消毒剂、杀虫剂和其他一切有毒有害物品的专用危险品库房和贮藏柜，应有醒目标记，实行专人专锁管理。

2.9 厂区、车间和化验室使用的燃油、润滑油、化学试剂、检测试剂、药品以及其他化学制剂应该按照各自的保存要求妥善保存（图9-4）。

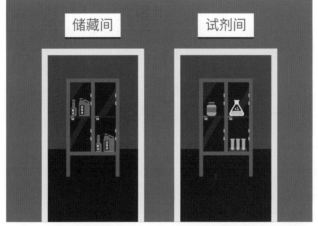

图9-4　燃油、润滑油、化学试剂、检测试剂、药品的存放

2.10 除卫生和工艺需要，均不得在生产车间使用和存放可能污染肉品的任何种类的药剂或化学制剂。

3　运输管理要点

3.1 屠宰企业生猪运输车辆、产品运输车辆，应专车专用，并经过备案，应配备车辆定位跟踪系统（图9-5）。

3.2 禁止与任何危险货物、有异味物品同车装运；不得与非肉品货物混装或拼装。

3.3鲜、冻肉不应敞运，装、卸时确保卫生干净（图9-6）。

图9-5　车辆配备定位跟踪系统

图9-6　鲜冻肉运输

3.4产品运输车辆应根据所运输产品特点配备制冷、保温等设施，运输过程中应保持适宜的温度。

3.5控温运输工具厢体应符合食品卫生要求，无毒、无害、无异味、无污染。

3.6需要委托运输时，应委托有货物运输资质和能力的货运公司或物流公司，并与其签订委托协议，明确运输过程中产品防护要求和对方责任，且相关运输车辆也为有效备案车辆。

3.7装运生猪产品前，应确保箱体内无污物、干净卫生、无异味、无霉变；必要时应使用垫板或隔热板。

4 记录要求

4.1屠宰企业应建立生猪运输档案。详细记录检疫证明号码、数量、运载时间、启运地点、到达地点、运载路径、车辆清洗消毒以及运输过程中染疫、病死、死因不明生猪处置等内容。

4.2屠宰企业应建立所有产品运输档案。详细记录检疫证明号码、数量、生产时间，以及产品出库、入库及流向、使用等内容（图9-7）。

4.3除虫灭害工作应有相应的记录。

4.4记录应具有可追溯性，保存期限不少于2年。

图9-7 生猪产品运输档案和记录

第十章 应急管理要点（五关注）

为规范生猪屠宰企业应急处置行为，提高其对非洲猪瘟等动物疫病应急管理能力，特制定本要点。

1 紧急处置措施要求

1.1 疑似疫情的处置

1.1.1 屠宰企业如在生猪进厂时发现异常，或者发现生猪有疑似非洲猪瘟症状的，或采集的血样检测为非洲猪瘟病毒核酸阳性的，应及时向驻场官方兽医报告，不得让该批生猪进厂，并采集病料进行非洲猪瘟病毒检测（图10-1）。

1.1.2 在待宰圈发现生猪有疑似非洲猪瘟症状的，应当立即暂停同一批次生猪上线屠宰，并采集病料进行非洲猪瘟病毒检测（图10-2）。

1.1.3 在屠宰线发现有疑似非洲猪瘟症状的，或采集的血样检测为非洲猪瘟病毒核酸阳性的，应当立即暂停屠宰活动，并采集病料进行非洲猪瘟病毒检测（图10-3、图10-4）。

　　1.1.4在每批生猪屠宰后，对暂储血液进行抽样并检测非洲猪瘟病毒。

图10-1　生猪进厂前发现异常应报告

图10-2　待宰圈内发现异常应报告

图10-3　生产线上发现异常应报告

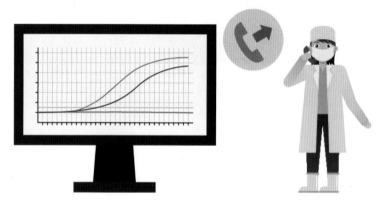

图10-4　非洲猪瘟核酸检测阳性应报告

1.1.5如检测出非洲猪瘟病毒核酸阳性的，生猪屠宰企业应当第一时间将检测结果报告驻场官方兽医，并及时将阳性样品及同批次病料送所在地省级动物疫病预防控制中心指定的机构检测（确诊）。

1.1.6确诊结果出来之前，禁止厂内所有生猪及生猪产品、副产品废弃物等有关物品移动，并对其内外环境进行严格消毒；必要时采取封锁、扑杀等措施（图10-5）。

图10-5　疑似疫情处置（限制移动）

1.2　确诊疫情的处置

非洲猪瘟疫情确诊后，屠宰企业应立即启动企业内部应急预案，按照当地畜牧兽医部门要求开展扑杀、无害化处理、清洗消毒等工作。

2　应急处置紧急消毒要求

2.1　消毒前准备

2.1.1 清理厂区内的废弃物、垃圾等，并集中存放。

2.1.2 所有物品消毒前不得移出厂区。

2.1.3 配备喷雾器、火焰喷射枪、消毒防护用品（如连体防护服、口罩、手套、防护靴等）、消毒容器等。

2.2　选择合适的消毒药品

酚类消毒剂、含氯消毒剂（次氯酸盐、二氯化氢）、过氧乙酸、季铵盐、碱类（氢氧化钠、氢氧化钾等）、戊二醛、酒精和碘化物等消毒药品。

2.3 消毒

厂区、车辆、车间、仓库、冷库、设备、工器具、人员及物品等消毒参照第七章。

2.4 消毒频率

每天消毒3～5次，连续2天，随后每天消毒1次，直至解除封锁（图10-6）。

图10-6 非洲猪瘟防控应急预案——紧急消毒制度

3 解除封锁措施要求

所有染疫或同群生猪及产品按规定无害化处理48小时后，经疫情发生所在地的上一级畜牧兽医主管部门组织验收合格后，由所在地县级以上畜牧兽医主管部门向原发布封锁令的人民政府申请解除封锁，由该人民政府发布解除封锁令，并通报毗邻地区和有关部门。

4 记录要求

对疫情处理的全过程必须做好完整翔实的记录，并归档。

4.1 地方开展应急处置发布的封锁令、各项通知、公告等。

4.2 封锁、扑杀、无害化处理、消毒、物资调配、疫情排查、实验室诊断等记录。

4.3 疫情溯源追踪相关记录，屠宰企业生猪调入、生猪产品和副产品流向、生产加工、储存、无害化处理、运输车辆和密切接触人员的行动轨迹等相关记录。

4.4 所有记录应准确、规范并具有可追溯性，保存期限不得少于2年（图10-7）。

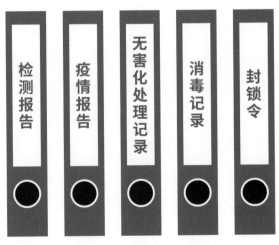

图10-7　疫情处置归档资料

第十一章 记录与档案管理要点（五落实）

为做好屠宰企业生产记录，进一步规范屠宰企业生产行为，落实屠宰企业防疫主体责任，特制定此要点。

1 生产记录要求

1.1 生猪屠宰企业应建立生猪屠宰检疫申报、生猪入厂查验登记、承运人（贩运户、代宰户）备案管理、待宰静养、肉品品质检验、"瘦肉精"等风险物质检测、动物疫情报告、生猪产品追溯、清洗消毒、无害化处理、食品加工助剂和化学品使用管理、应急管理等生猪屠宰质量管理制度，并做好相应记录。

1.2 生猪屠宰企业应建立安全生产、设施设备日常使用保养、人员管理、产品追溯等生猪屠宰生产管理制度，并做好相应记录。

1.3 屠宰企业应定期检查各项管理制度落实情况，做到有迹可循，各项制度对应台账记录清晰、完整，建立完善的可追溯制度，确保发生非洲猪瘟或者其他食品安全风险时，能及时进行追溯（图11-1）。

图11-1　企业记录册

2 档案管理要点

2.1 为规范企业管理，应建立企业档案管理制度，并专人负责。

2.2 归档范围

2.2.1 企业的发展规划、年度生产计划、统计资料、财务审计、会计档案、劳动工资、人事档案、会议记录、决定、委托书、协议、合同、项目方案、通知等具有参考价值的文件资料。

2.2.2 所有生猪屠宰质量管理制度及相关记录。

2.2.3 所有生猪屠宰生产管理制度及相关记录。

2.3 企业的档案资料的收集与整理

2.3.1 企业档案资料应定期归档。

2.3.2 由档案管理员分别向各部门收集应该归档的原始资料，并及时做好案卷归档。

2.4 档案保存期限

2.4.1 所有生猪屠宰质量管理制度及相关记录、生猪屠宰生产管理制度及相关记录保存期限不少于2年。

2.4.2 其他档案资料保存期限由企业法人或负责人决定。

2.4.3 档案销毁应有记录（图11-2）。

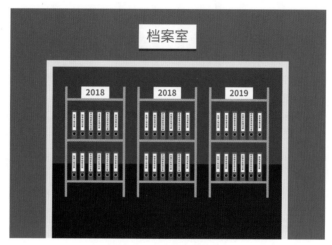

图11-2 企业档案室

附 件

消毒剂使用建议表

消毒剂	消毒对象	使用浓度	消毒方式
过氧乙酸	车辆	0.2%～0.3%	喷雾消毒
过氧乙酸	车间	0.2%～0.5%	拖擦或喷洒
过氧乙酸	可密闭空间	0.2%	喷雾消毒
过氧乙酸	可密闭空间	3%～5%	熏蒸
漂白粉	车辆	2%～4%	喷雾消毒
紫外线	随车物品		照射
戊二醛	车辆		喷雾消毒
次氯酸钠	车辆	5%	喷雾消毒
次氯酸钠	工器具	2%～3%	擦拭或浸泡
次氯酸钠	车间	0.025%～0.05%	拖擦或喷洒
次氯酸钠	手	0.015%～0.02%	擦拭或浸泡
次氯酸钠	衣物、洗衣设备	300毫克/升	浸泡
领苯基苯酚	工器具	3%	擦拭或浸泡
氢氧化钠	墙面、墙壁、设备、工器具	0.8%	拖擦或喷洒
氢氧化钠	消毒池、待宰圈	2%～3%	喷洒或浸泡
季铵盐溶液	消毒池（车辆）	0.5%	浸泡
季铵盐溶液	消毒池（鞋底）	0.1%	浸泡
季铵盐溶液	车间	0.1%	拖擦或喷洒
臭氧	包装材料		密闭消毒
福尔马林	工器具	0.3%	擦拭或浸泡
福尔马林	密闭空间	25毫升/立方米，加沸水12.5毫升、高锰酸钾25克	熏蒸
酒精	手、设备和用具	75%	擦拭或浸泡
枸橼酸碘	手	3%	喷洒或擦拭

图书在版编目（CIP）数据

生猪屠宰企业非洲猪瘟防控生物安全手册／中国动物疫病预防控制中心编．—北京：中国农业出版社，2019.12

ISBN 978-7-109-26253-9

Ⅰ.①生… Ⅱ.①中… Ⅲ.①非洲猪瘟病毒－防治－手册 Ⅳ.①S852.65-62

中国版本图书馆CIP数据核字（2019）第275130号

中国农业出版社出版

地址：北京市朝阳区麦子店街18号楼
邮编：100125
责任编辑：姚　佳
版式设计：王　晨　　责任校对：吴丽婷
印刷：北京通州皇家印刷厂
版次：2019年12月第1版
印次：2019年12月北京第1次印刷
发行：新华书店北京发行所
开本：700mm×1000mm　1/16
印张：5
字数：67千字
定价：36.00元